AF483024

AU BÉNÉFICE DES OUVRIERS SANS TRAVAIL.

QUELQUES MOTS

sur

LE COTON

et sur

LA COLONISATION,

par

Narcisse GOSSON.

Fais ce que peux, advienne que pourra!

PRIX : 1 Franc.

HAVRE,

IMPRIMERIE DE A. MIGNOT, RUE DE L'HOPITAL, 16.

1863.

QUELQUES MOTS

SUR

LE COTON

ET SUR

LA COLONISATION,

PAR

Narcisse GOSSON.

Fais ce que peux, advienne que pourra!

PRIX : 1 Franc.

HAVRE,

IMPRIMERIE DE A. MIGNOT, RUE DE L'HOPITAL, 16.

1863.

AVANT-PROPOS.

La question que nous allons traiter est une question d'économie politique.

Il est utile de dire ici que nous ne voulons pas faire de l'économie politique rationnelle, qui recherche les causes et le mouvement de la richesse et se fonde sur les faits généraux et constants de la nature humaine et du monde extérieur ; mais bien de l'économie politique appliquée, qui, elle, traite de la richesse d'une manière spéciale et plus nationale.

Il importe aussi de dire que nous devons tenir compte, dans l'application, de tous les principes qui participent à la solution d'une question sociale, quelle qu'elle soit : en ne faisant l'application que d'un seul principe, on serait assuré de tomber dans l'erreur.

Aussi, pour ces motifs, le lecteur devra-t-il ne pas s'étonner de nous voir entrer dans de certaines considérations, qui, à première vue, pourraient paraître inopportunes et qui cependant sont intimement liées à l'ensemble de notre sujet.

Havre, le 24 novembre 1862.

QUELQUES MOTS SUR LE COTON

Une question palpitante d'intérêt, une question qui est à
l'ordre du jour, c'est certainement celle du coton. Chacun dé-
sire voir se terminer la crise du moment ; chacun demande la
fin de la guerre d'Amérique ; car cette guerre, ceci n'est pas
contestable, a jeté une grande perturbation dans le commerce
de toutes les nations.

En effet, par suite de la guerre, le coton manque : les pays
producteurs nous font défaut ; dans tous les pays , en France,
en Angleterre, l'absence du coton détermine une crise dont les
conséquences sont malheureusement, pour le moment du
moins , terribles pour la population vivant du travail de la filature et du tissage.

Des souscriptions sont ouvertes de tous les côtés afin de
venir en aide aux malheureux ouvriers victimes de cet état de
choses.

Nous allons nous occuper de cette importante question.

L'industrie du coton occupe une place considérable dans
l'économie ; elle est liée à la puissance et à la richesse des

peuples , et l'on a peine à croire combien sont nombreux et divers les intérêts qu'elle représente.

La récolte des Etats-Unis en 1860 s'est élevée à 4,675,770 balles ; si nous y ajoutons 149,237 balles restées disponibles de l'année précédente, nous aurons un total de 4,825,607 balles, qui ont été réparties dans la consommation de la manière suivante :

Grande-Bretagne.....................	2,669,432 balles.
Etats-Unis........................	978,048
France...........................	589,587
Nord de l'Europe...................	295,072
Autres Etats......................	220,082
Total............	4,752,221 balles.

L'Angleterre seule, en 1859, a consommé 443 millions de kilogrammes de coton, et l'on estime à 4 millions le nombre d'ouvriers employés ou attachés à cette branche de l'industrie et du commerce, soit directement soit indirectement.

Le département du Nord nous offre aussi pour l'année 1859 un terme de comparaison, qui peut aussi bien que l'exemple cité ci-dessus, donner une juste idée de l'importance hors ligne qu'exerce le coton.

1,100,704 broches ont été occupées pendant cette année à la filature du coton , et la moyenne du capital représenté est estimée 50 millions de francs.

Nos fabriques réclament annuellement 55 à 60 millions de kilogrammes de coton en laine, représentant environ 100 à 120 millions de francs.

L'on comprendra facilement que la stagnation des affaires résultant de la séquestration du coton , a dû éveiller l'attention et les craintes de tout le monde.

Il est bon de remarquer que si la guerre est la seule cause de l'état de choses aujourd'hui , il en est un autre qui nous menace, et qui réduirait, dans l'avenir, à la disette des millions d'ouvriers européens.

C'est que l'Amérique marche à pas de géant dans la voie

de la fabrication des tissus, et tout fait supposer que bientôt les Etats-Unis garderont pour leurs propres travailleurs, une grande partie de la matière première qu'ils produiront.

Nous trouvons ce passage dans le *Traité d'économie politique* de J.-B. Say : « Les crises commerciales arrivent prin- » cipalement parce que tous les pays ne sont pas également » dans de bonnes conditions d'échange , les nations sont soli- » daires dans la bonne comme dans la mauvaise fortune. »

C'est en raison de la crise du moment et des prévisions même de l'avenir que les villes de Manchester, de Londres, de Liverpool et de Glascow, viennent d'organiser une véritable ligue pour la propagation de la culture de cette riche matière textile que l'on appelle coton.

Pourquoi nos manufacturiers français ne suivraient-ils pas cet exemple ? Ne sommes-nous pas en position *si nous le voulons*, de supprimer ce gigantesque monopole cotonnier qui s'est fait roi despote et qui nous opprime.

N'avons-nous pas à notre porte notre riche et belle colonie d'Afrique, l'Algérie, ce grenier d'abondance à venir de la mère patrie et dont le sol généreux ne se refuse à aucune production.

C'est en étendant largement les voies de la colonisation que la France peut lutter contre l'antagonisme des temps, et, à cet égard, l'intérêt de la France s'identifie avec l'intérêt de l'Europe.

Il y a donc urgence à développer ces éléments de prospérité dont la nature a surabondamment doté notre jeune colonie.

Les résultats obtenus jusqu'à ce jour dépassent de beaucoup toutes les prévisions.

Toutes les céréales se cultivent avec avantage en Algérie. Il est certain, et les essais tentés le prouvent, que nous pouvons y acclimater très facilement tous les produits exotiques que nous sommes obligés de demander aux colonies de l'Amérique.

Du reste, nous avons mille exemples qui prouvent la possibilité de l'acclimatation , si nous considérons que des plantes exotiques cultivées dans nos jardins ont répandu leurs graines dans le voisinage, et s'y sont perpétuées sans la moindre culture.

Mais nous ne voulons ici que montrer la possibilité de la culture du coton en Algérie, et pour cela nos efforts ne seront pas très grands, puisque cette plante retrouvera dans notre colonie un sol, un climat, en un mot, des conditions d'existence analogues à celles de son pays natal.

Nous l'avons dit, les résultats obtenus jusqu'à ce jour dans l'acclimatation des plantes, sont immenses, si l'on considère que ce n'est que depuis peu de temps que nous nous en occupons.

Jusqu'à présent, nous nous trouvions assez riches, c'est ce qui explique notre insouciance.

Mais la nécessité fait loi, et nous commençons à comprendre que Buffon avait raison lorsqu'il disait : « Non, l'homme ne » sait pas encore assez ce que la nature peut, ni ce qu'elle » peut sur elle, nous n'usons pas, à beaucoup près, de toutes » les richesses qu'elle nous offre ; le fonds en est bien plus » immense que nous ne l'imaginons. »

Au nombre des essais d'acclimatation tentés en Algérie, nous voyons figurer la culture du tabac, du coton, de la cochenille, de la garance, etc.

Pourquoi, alors que ces essais ont été couronnés par le succès le plus complet, pourquoi, dis-je, n'avoir pas étendu ces cultures ?

Pourquoi négliger des ressources qui pourraient aujourd'hui même, nous être d'une si grande utilité, d'un secours si efficace, en présence du blocus américain.

Nous ne craignons pas un démenti en affirmant que nos trois provinces d'Oran, d'Alger et de Constantine, peuvent, au point de vue agricole, rivaliser avec les plus fécondes contrées du monde !

La végétation est d'une vigueur remarquable, due à l'influence d'une douce température.

Les terrains incultes sont couverts de broussailles au milieu desquelles s'élèvent des palmiers, des mirthes, des grenadiers, entremêlés d'oliviers et d'orangers sauvages.

Les haies sont formées d'agaves et de nopals.

Et cependant, aussi richement doté par la nature, ce pays n'a pas prospéré jusqu'à ce jour.

Quelles peuvent être les causes réelles de cette stagnation, de cette indifférence ?

Qui fait que la population laborieuse de nos campagnes, ne s'empresse pas d'aller jouir de la riche rémunération dont le sol algérien pourrait payer ses labeurs.

La tranquillité la plus parfaite règne dans ce pays ; il y a des voies de communication dans tous les sens ; des milliers d'hectares de terres restent incultes, malgré l'intérêt immense qu'offrirait leur mise en valeur.

Le Gouvernement fait de grands sacrifices et de grandes concessions.

Chaque colon reçoit à titre gratuit et en toute propriété, un champ, des outils pour défricher, etc., etc.

L'Empereur lui-même, a prouvé qu'il entendait donner à cette riche succursale de la France, toute l'extension désirable et en faire ce qu'elle doit être, c'est-à-dire, le magasin général où l'on pourrait puiser suivant les besoins et en tout temps.

Nous nous répétons : pourquoi l'Algérie ne se peuple-t-elle pas ? pourquoi ne se défriche-t-elle pas ? ou du moins, pourquoi ses progrès sont-ils entachés de lenteur ?

C'est que la plupart des malheureux émigrants n'ont été jusqu'à ce jour rien moins que des cultivateurs : le plus généralement, c'étaient des hommes sortis des villes, des artisans ignorants des choses les plus indispensables de leur nouvelle position.

Que faire avec de semblables éléments ?

Est-il possible d'espérer de tirer de notre colonie, tout le parti que l'on est en droit d'en attendre, toutes les richesses qu'elle renferme et qu'elle peut nous donner ?

Nous ne le croyons pas.

Que faut-il faire alors ?

Attirer la jeunesse vigoureuse de nos campagnes, les hommes du métier, les hommes nés au milieu des travaux des champs, mais ne possédant ni champs, ni instruments de culture.

Les tentatives de colonisation de 1848 sont loin de nous, mais il est resté un profond souvenir de la désillusion de ces hommes qui furent obligés de rentrer en France.

Nous l'avons dit plus haut, la plupart des émigrants furent tout, excepté des cultivateurs ; bijoutiers, peintres, doreurs, mécaniciens, etc.

De telles recrues ne pouvaient rien comme colons.

Loin de là, la misère devait les attendre, car, inhabiles aux choses agricoles, sans fonds d'avance, ils eurent bientôt la mesure de leurs forces, et rentrèrent en France plus pauvres et plus chétifs qu'au jour de leur départ.

Ces premiers essais de colonisation et les résultats, ont beaucoup contribué à faire croire que l'on ne pouvait que mourir, ou de faim ou de la fièvre, en Algérie.

Avec du courage et de l'intelligence, on ne meurt jamais de faim, sur une terre Française, et sous le patronage du Gouvernement.

Quant à mourir de la fièvre, cela demande quelques explications que nous allons donner :

Le climat modifie puissamment le caractère !

Les hommes du nord sont actifs, et en raison de cette activité, le besoin de réparer les forces se fait plus vite et plus souvent sentir que chez les hommes des régions chaudes, qui sont indolents à l'excès, mais qui sont en revanche excessivement sobres.

Nos vertus, nos qualités, de même que nos vices, sont intimement liés à notre organisation.

Aussi, l'usage des boissons fermentées, des alcools, n'est chez nous que la conséquence du climat qui nous a donné naissance, et aussi des besoins de notre organisation, qui exige des excitants du système nerveux et de la circulation.

Tandis que, dans les pays méridionaux, où le sang est riche et toujours torréfié, l'eau pure, ou l'eau associée aux acides ou aux principes aromatiques, est la boisson en usage, et celle qui est la plus propre aux besoins des habitants.

Nos colons arrivant en Afrique, ne crurent pas devoir se conformer aux instructions des hommes sages, que l'expérience avait habitués à ne rien faire sans raison. Loin de régler leur régime sur la nature du climat, ils continuèrent à mener le même genre de vie qu'en France, et qui plus est, firent des abus de toutes espèces, qui donnèrent naissance aux fièvres, aux dyssenteries, etc.

Il devient donc évident que le mal dont souffrirent ces premiers colons était en partie, pour ne pas dire tout à fait, le résultat de leur incurie et de leur ignorance.

Sans plus de digressions, disons qu'il serait temps d'ouvrir nos rangs, pour envoyer sur cette terre vierge quelques-uns des nôtres, afin de hâter le moment où nous serons appelés à jouir des résultats obtenus.

Il est vrai de dire cependant, et cela avec un profond regret, que les rangs de nos cultivateurs se sont considérablement éclaircis, et qu'ils s'éclaircissent encore tous les jours.

Quelles sont les causes de cet abandon, de cette désertion des campagnes?

C'est que l'on n'a pas su, jusqu'à ce jour, relever la position sociale du cultivateur, et qu'on s'est plu tout au contraire à le reléguer à l'arrière-ban de la société, en le considérant comme une espèce inférieure et bien distincte des hommes qui seuls jouissent de tous les priviléges et avantages de la société.

Chacun, pour cette raison, cherche à sortir de sa sphère, et vise à la considération dont sont entourés les commerçants, les industriels, etc.

De là, naissent tous ces demi-savants qui ne veulent subir aucun joug, et qui refusent d'embrasser la profession de leur pères.

Nous sommes loin, à beaucoup près, de vouloir circonscrire

l'éducation ; mais nous émettons cet avis, que selon nous, il vaudrait mieux, dans l'intérêt de tous, ne donner à chacun qu'une éducation relative à l'art qu'il doit exercer, et diriger cette éducation vers les connaissances les plus étendues sur les parties essentielles de son état.

Le travail du sol moralise les hommes.

Adam Smith, a dit dans ses *Recherches sur la nature et les Causes de la Richesse des nations :* « Le travail est pour
» l'homme la condition de toute richesse, et par conséquent
» l'origine de la prospérité nationale. Cette prospérité ne résulte
» pas seulement de la possession du numéraire et des pro-
» duits naturels, mais elle prend principalement sa source dans
» le travail, en tant qu'il est appliqué à l'amélioration du sol et
» au développement de l'industrie. »

Il est incontestablement vrai, que l'industrie et le commerce sont choses fort utiles, mais ils excitent beaucoup trop l'amour du lucre et font naître l'égoïsme, le plus grand de tous les dangers qui puisse menacer la société.

Il ne faut pas que l'agriculture manque de bras, et pour arriver à ce but, il faut relever la considération qui devrait être inséparable du titre de cultivateur, en raison de ses services.

Exciter le zèle de ces humbles artisans, leur accorder des récompenses honorifiques, leur faire aimer leur art enfin.

L'Agriculture est du nombre des sciences qui n'ont pas de bornes et dans lesquelles il y a toujours quelque chose à faire, à perfectionner, à inventer.

Le plus petit cultivateur, comme celui qui jouit de la plus grande fortune, peut faire faire des progrès à l'agriculture, soit en donnant l'exemple de l'emploi des meilleures méthodes, des meilleurs engrais, soit en introduisant de nouvelles plantes, etc., etc.

Ouvrons ici une parenthèse :

L'Algérie, depuis la conquête, c'est-à-dire depuis 1830, a passé, sous le point de vue de *l'organisation* et *de la colonisation* par des systèmes divers et successifs, qui témoignent par leur nombre et par les résultats peu satisfaisants qu'ils ont produits, de la difficulté de la mission qu'il s'agit d'accomplir ; ces essais infructueux doivent être attribués au morcellement des pouvoirs, au défaut d'unité et d'homogénéité dans l'action des fonctionnaires différents qui se partageaient l'autorité dans cette vaste colonie.

Si nous lisons le rapport fait à l'Empereur le 11 septembre 1858 par le ministre de l'Algérie, nous trouvons le passage suivant :

« L'état de l'Algérie peut se résumer ainsi :

» Beaucoup de bien a été fait, des relations immenses ont » été obtenues ; mais on ne peut se dissimuler qu'il y a des » abus à faire cesser, et qu'il faut pour cela beaucoup de force » et d'unité de volonté. La conquête et la sécurité sont en- » tières, grâce aux *efforts glorieux de notre armée*, les cri- » mes sont rares, les routes et les propriétés sont sûres, les » impôts rentrent bien et cependant la colonisation est presque » nulle ; deux cent mille Européens à peine, dont la moitié » Français, moins de cent mille agriculteurs ; les capitaux rares » et chers, l'esprit d'initiative et d'entreprise étouffé, la pro- » priété à constituer dans la plus grande partie du territoire, » le découragement jeté parmi les colons et les capitalistes qui » se présentent pour féconder le sol de l'Algérie.

» Telle est la position vraie : »

Reprenons notre marche.

Il importe d'abord de peupler notre colonie, et l'état de nos campagnes ne nous permet pas de lui enlever ses travailleurs.

Alors où prendre des colons ?

Voilà la question !

Nous allons essayer de la résoudre sans circonlocution, et le plus directement possible.

Chaque année la loi du recrutement enlève à l'agriculture une partie des bras qui vivifient ses champs.

Que deviennent les jeunes gens que le sort a désignés ?

Ils entrent dans les différents corps de l'armée Française, où là, ils deviennent de beaux et bons soldats qui font à l'occasion l'orgueil de la France et l'admiration du monde.

Voilà certainement un fort joli tableau ; mais, qu'on le sache bien, le courage qu'ils ont déployé n'est que la conséquence de l'éducation militaire, et ce n'est pas la seule vertu que la guerre fasse naître, tout en entretenant l'énergie des âmes, elle engendre l'amour de la gloire, l'abnégation de soi-même, la sobriété, la patience, des habitudes d'ordre, l'attachement à la patrie, etc. Toutes vertus dont on peut tirer un excellent parti, dans les circonstances qui nous occupent.

Remarquez bien que l'esprit mercantile rabaisse souvent l'âme, et réduit toutes choses aux étroites proportions de l'utilité matérielle.

Mettons donc à profit les vertus qu'a déployées la guerre, et faisons un appel à tous les soldats qui sortent des rangs de l'agriculture.

Montrons leur l'intérêt du pays, sa prospérité, l'indépendance commerciale qui doit résulter d'une prompte mise en valeur de cette riche colonie, et notre appel ne sera pas sans écho.

Alors, formons un régiment ou une légion de soldats labou-reurs, une milice à la fois guerrière et agricole.

Qu'il soit, par exemple, donné aux membres de ce corps, par le Gouvernement ou par des sociétés en commandite, des outils, des semailles, des bestiaux, et tout ce qui est nécessaire à l'agriculture.

Qu'il soit accordé à chacun une concession de terrain.

Que les avances soient remboursables, dans un laps de temps de dix années, au taux de 5 0/0 par an.

Que ce corps soit divisé en brigades.

Que les hommes composant chaque brigade, forment en quelque sorte entre-eux une association, pour se venir mutuel-lement en aide lors des grands travaux.

Que ce corps soit placé sous la surveillance de chefs capables de donner à la colonisation une bonne direction.

Que l'on s'applique à ne pas trop multiplier les fonctionnaires et les employés qui taquinent et fatiguent souvent sans raison et sans utilité.

Que l'on accorde à ces hommes dévoués une douce et paternelle liberté.

Qu'on les mette en possession des connaissances qui leur sont le plus nécessaires ; soit en leur donnant des ouvrages à leur portée, rédigés avec clarté et précision, soit en leur donnant des professeurs de mérite et dévoués.

Que l'on n'admette dans ce corps que des hommes d'une moralité à toute épreuve et d'une aptitude bien prouvée ; résultat qu'il serait facile d'obtenir en soumettant chaque candidat à l'examen d'une commission nommée à cet effet.

Etablir un réglement salutaire, mais qui ne vienne pas froisser le sentiment d'amour-propre de ces braves pionniers de la colonisation.

Que les terrains devenus vacants par suite de décès ou de toute autre cause, deviennent la propriété de la brigade à laquelle appartenait le titulaire, en raison, et pour la dédommager de sa participation à la mise en valeur.

Qu'à l'expiration d'un laps de temps de dix années, ou plus tôt, s'il s'est acquitté avec les créanciers de sa part coloniale, tout colon soit affranchi de la discipline.

Qu'il soit permis aux membres du corps de se marier, toutefois avec l'assentiment de leur chef immédiat et après enquête sérieuse.

Il serait rationnel alors, d'accorder la propriété du terrain à la femme du colon décédé.

Agissez ainsi, et vous aurez, n'en doutez pas, avant peu une excellente colonie qui ne le cèdera en rien à celles qui aujourd'hui occupent le premier rang.

Tout en étant éminemment nationale l'espèce d'association coloniale dont nous venons de parler, pourrait encore devenir une association philanthropique et trouver en même temps son profit, dans la réalisation du projet que nous allons déployer tout à l'heure.

C'est une tâche certainement fort difficile que l'accomplissement des œuvres philanthropiques, car il faut à n'en pas douter, lutter contre l'instinct égoïste, cet élément nécessaire, sans
doute, à la conservation de l'espèce, mais qui arme les hommes
les uns contre les autres, stimulés qu'ils sont par des intérêts
contraires.

Quelle que soit l'impulsion qui nous porte à faire le bien, il
est indispensable de subordonner notre désir de le faire à certaines conditions qui sont la conséquence de l'état de nos
sociétés modernes, nous devons nous entourer de lumières et
ne pas négliger la connaissance des problèmes les plus ardus
de la science sociale.

C'est encore une question d'économie politique que de savoir
faire le bien et de lui faire porter les fruits qu'il nous importe
de voir produire.

La sympathie est un sentiment qui vient se combiner avec
nos autres passions et faire ainsi le fond de toutes nos affec-
tions bienveillantes.

Il y a des époques dans la vie des nations comme dans la
vie des individus, où les passions règnent presque sans partage,
mais ces passions sont des ressorts qui font mouvoir notre espèce ; elles produisent parfois de grandes choses et servent
souvent d'égide à de nobles pensées, à de généreuses inten-
tions, qui n'arrivent souvent à faire leur chemin dans le monde
que sous leur patronage.

L'avenir des enfants trouvés n'est rien moins que probléma-
tique, nous voulons, nous, leur assurer un avenir certain, et
pour arriver à ce résultat, nous avons besoin de mettre en jeu
l'affection.

Forcer l'affection à se déclarer pour nos protégés, n'est pas
chose difficile, si l'on veut bien se reporter à ce que nous
avons dit plus haut, et ensuite au plan que nous allons
déployer.

Nous avons l'intention de transporter les enfants trouvés en
Afrique, de les placer dans la colonie militaire, de les confier

aux soins des soldats laboureurs, qui trouveront en eux des auxiliaires.

Voici à cet égard notre idée :

Les enfants trouvés au-dessus de 12 ans seraient envoyés en Algérie et placés dans les brigades coloniales sous la tutelle des soldats laboureurs, lesquels devraient se charger de leur entretien, de leur nourriture et de leur logement.

Chaque brigade recevrait la concession d'autant de portions de terrain qu'elle aurait d'enfants à sa charge, et aurait la jouissance de ces terrains jusqu'à la majorité des enfants.

Un dixième des bénéfices résultant de l'exploitation de ces terrains serait versé à la caisse générale de la légion pour être capitalisé, et former ainsi un fonds de dotation pour les enfants ayant atteint l'âge de majorité.

A sa majorité, chaque enfant serait mis en possession de la part coloniale qui lui est afférente, et recevrait alors une somme déterminée par des réglements ultérieurs, somme qui serait prise sur les fonds résultant du versement du dixième des bénéfices des terrains dont la brigade n'est qu'usufruitière.

Tout enfant colon devenu majeur, qui abandonnerait volontairement la colonie, perdrait tout droit à sa part territoriale, mais recevrait cependant la somme formant la dotation.

Les parts de terrains restées libres par suite de délaissement ou de mortalité, formeraient une propriété qui serait exploitée en commun, et les bénéfices résultant de cette exploitation seraient versés à la caisse de dotation.

Tout enfant colon contracterait, à sa majorité, un engagement de dix ans avec le gouvernement, et rentrerait dans les mêmes conditions que le soldat-laboureur.

Il aurait droit alors aux avances, si la nécessité s'en faisait sentir.

Les filles ne seraient placées que chez les colons mariés, seraient instruites des soins du ménage, des ouvrages de couture, etc., etc.

Les mariages de ces jeunes filles avec les colons seraient soumis à la même réglementation que ceux des soldats laboureurs, mais chacune d'elles recevrait une dotation égale à celle des jeunes gens.

Une école serait établie, et chaque enfant devrait la suivre régulièrement au moins jusqu'à l'âge de 15 ans.

Deux heures seraient le temps fixé pour la durée des études de chaque jour, et l'heure choisie de façon à ne pas distraire les enfants du travail.

Chaque dimanche il y aurait un cours d'agriculture, chaque enfant serait obligé d'y assister.

Des récompenses seraient accordées aux plus studieux.

Les chefs de brigade seraient responsables des soins donnés aux enfants.

Nous croyons qu'il serait utile de déterminer la manière dont chaque enfant devrait être vêtu.

S'il est permis de douter de la réalisation d'un semblable projet, il est permis aussi de calculer les chances de réussite et les résultats qui en seraient la conséquence.

L'avenir de ces enfants qui n'ont pas de famille se trouverait assuré, et le colon militaire trouverait son intérêt dans cette combinaison.

Vous le voyez, j'avais raison tout à l'heure de dire qu'il n'était pas difficile de contraindre la sympathie à se déclarer pour mes protégés.

Du reste, l'idée de la colonisation de l'Algérie, au moyen des enfants trouvés, n'est pas neuve, et dans une circulaire du ministre de l'intérieur, en date du 7 août 1852, nous trouvons les passages suivants :

« Au nombre des questions qui intéressent le plus directe-

» ment l'ordre social et dont le gouvernement se préoccupe
» avec le plus de sollicitude, se place, l'une des premières, la
» question des enfants trouvés.

» Résoudre cette grave question en appliquant à la coloni-
» sation de l'Algérie la population des hospices de la métropole,
» ce serait réaliser un double problème qui s'est souvent offert
» aux méditations des esprits pratiques, et dont l'importance
» ne saurait échapper. »

Puis il est dit plus loin dans cette circulaire :

« Il convient d'exiger que les jeunes colons soient dotés à
» leur majorité, sans préjudice des récompenses pécunières
» qu'auraient pu mériter leur travail et leur bonne conduite.

De concert avec le ministre de la guerre, à l'époque dont
nous parlons, et à propos de l'orphelinat de Bem-ak-Noun, et
et de celui de Bouffarick, il fut décidé que chaque émigrant tou-
cherait une indemnité de route calculée à raison de 30 centimes
par myriamètre, qu'ils auraient droit, à leur arrivée au port
d'embarquement, au transport gratuit par mer et à la nourriture
pendant la traversée.

Qu'une concession de terres d'une étendue variable de 4 à
8 hectares, suivant la nature et la situation du sol, serait, en
outre, garantie à chaque colon, à sa majorité.

Le ministre de l'intérieur s'étend ensuite dans cette circulaire
sur les bienfaits que rendrait une semblable mesure et que le
but ne serait pas rempli si l'on n'attachait le jeune colon
au sol dont il devient propriétaire par un sentiment plus
puissant encore que celui de la possession, le sentiment de la
famille.

Qu'il faut que l'administration favorise les mariages entre
les individus des deux sexes, que c'est le moyen de constituer
des familles de cultivateurs acclimatés comme les indigènes,
possédant les connaissances et les ressources nécessaires pour

réussir, et qui dans un court espace de temps, contribue-
raient, pour une large part, à la prospérité et au développement de notre colonie d'Afrique.

Puis, le ministre engageait MM. les préfets, de la manière
la plus pressante, à saisir les Conseils généraux de la question
de l'envoi des jeunes colons, en raison de la question de
finances à laquelle est subordonnée la réalisation du projet.

Ne devient-il pas évident que nous devons trouver des
échos, mais il importe de réaliser l'établissement de la première partie de notre système de colonisation, pour pouvoir
arriver à la seconde partie.

Nous n'avons fait qu'esquisser notre plan, ne doutant pas,
que, s'il était pris en considération, les différents réglements
d'organisation auraient besoin d'être longtemps et mûrement
élaborés.

Nous avons seulement planté des jalons sur la route.

Dans un rapport adressé à l'Empereur le 16 octobre 1853 par
le maréchal de Saint-Arnaud, nous trouvons ce passage : « La
» France a le plus grand intérêt au point de vue de son indus-
» trie manufacturière, à encourager la culture du coton en
» Algérie.

» D'une part, en effet la production des États-Unis, qui
» fournit à l'Europe la plus grande partie de cette matière
» précieuse, ne suit qu'avec peine les progrès de la fabrica-
» tion et le moment n'est peut-être pas éloigné où le coton
» fera défaut aux manufactures du continent, surtout quand
» on voit les Américains mettre chaque année en œuvre des
» parties de plus en plus considérables de leurs propres pro-
» duits ; d'un autre côté, les autres pays qui pourraient four-
» nir cette matière à l'Europe, ne lui en livrent que des
» quantités tout-à-fait insignifiantes.

« La France est aussi fort intéressée à ce que le coton ne
» manque pas à ses manufactures ; notre pays, on le sait, con-
» somme chaque année pour environ cent millions de francs

» de coton, qu'il tire principalement des États-Unis et de
» l'Égypte, rien n'indique que cette matière première doive
» lui manquer ; mais on comprend qu'il y ait prudence à se
» précautionner, nos colonies d'Amérique ne produisant que
» de faibles quantités de coton. Heureusement pour la France,
» l'Algérie est destinée à lui venir en aide sous ce rapport ;
» peut-être même, avec son concours, lui sera-t-il permis de
» se passer un jour de l'Étranger.

» Les expériences faites en Algérie depuis plus de dix
» ans dans les pépinières du gouvernement, et dans ces der-
» nières années, par quelques colons intelligents, ont prouvé
» que la culture du coton était non-seulement possible, mais
» profitable aux agriculteurs, et que les produits obtenus
» étaient susceptibles de rivaliser avec les meilleures qualités
» obtenues dans d'autres pays.

Puis, dans ce même rapport, le maréchal entre dans quelques détails sur la production et la culture du coton et dit
qu'il est facile, en Algérie, de trouver, comme dans la Géorgie
et la Caroline du Sud, des terrains à proximité de la mer ou
naturellement saturés de sel, où le longue-soie croît parfaitement.

Ainsi, nous aurions à notre disposition pour cette culture
tout le Sahel de la province d'Alger, la plaine de la Metidja,
le littoral de la province d'Oran, les plaines du Thélat, de
l'Habra et du Sig ; celles de Bône et de Philippeville.

Que l'on veuille bien remarquer, que c'était en 1853 que le
maréchal de Saint-Arnaud tenait ce discours, qu'à cette époque
rien ne pouvait faire préjuger la crise que nous subissons en
ce moment ; que son appréciation était complètement indépen-
dante et qu'il ne faisait entrer dans la balance aucun cas de
force majeure, tel que la guerre.

Tout était envisagé, par lui, dans cette circonstance au
point de vue du progrès et de la perspective offerte par l'avenir.

A la suite de ce rapport, l'Empereur rendit le décret suivant :

Art. 1er. — La culture du coton en Algérie, sera désormais de la part de l'Etat l'objet des encouragements ci-après :

1° Des graines continueront d'être fournies aux colons par l'administration ;

2° Pendant trois ans encore, à partir de 1854, l'Etat achètera pour son compte les cotons récoltés par les planteurs, à un prix fixé d'avance chaque année, en tenant compte de l'espèce et de la qualité des produits ;

3° A l'expiration de ce terme et pendant deux autres années, des primes seront accordées à l'exportation en France des cotons récoltés en Algérie, et réputés marchands ;

4° Pendant cinq ans à partir de 1854, des primes seront allouées à l'introduction en Algérie des machines à égrener ;

5° Des prix provinciaux (trois par provinces, de 2,000, 3,000 et 5,000 francs), seront accordés aux colons qui seront jugés avoir récolté sur la plus grande échelle les meilleurs produits, et rempli les conditions d'un programme arrêté d'avance par l'administration, pour chaque année, etc., etc.

Puis, à la suite de ce décret, l'Empereur en rendit un autre, par lequel, à part les prix provinciaux décernés aux meilleurs produits chaque année, il affectait un fonds de 100,000 fr. sur sa liste civile, à titre d'encouragement pour la culture du coton en Algérie.

En vertu du décret impérial du 19 août 1856, pendant cinq ans encore, l'Etat achètera pour son compte les cotons récoltés, ainsi qu'il est dit dans le décret déjà cité.

Que l'on fasse revivre ces décrets des 16 octobre 1853 et 19 août 1856, et que les colons militaires soient appelés à profiter des bénéfices résultant de ces décrets !

Je le répète, l'armée peut seule faire de l'Algérie ce qu'elle doit être, parce qu'elle marchera sous l'égide du Gouvernement,

D'après les expériences faites, le rendement net par hectare serait de 1,400 francs pour la culture du coton.

Bien certainement l'état du paupérisme en France gagnerait beaucoup s'il était possible de pouvoir envoyer en Algérie le trop plein de nos villes ; la métropole y trouverait son compte, et les colons aussi ; mais ce serait retomber dans les difficultés inévitables de 1848 ; ce serait de nouveau jeter au vent les deniers de l'Etat, car il n'est pas possible d'espérer tirer de ce mode de colonisation tout ce que peut promettre et tout ce que donnera une colonisation militaire.

Remarquez que, dans ce dernier cas, il y a engagement, conséquemment obligation et qui plus est, intérêt à faire produire à la part coloniale tout ce qu'elle peut raisonnablement donner. En agissant dans ces conditions, le colon militaire se trouvera plus tôt à même dè se libérer envers les créanciers de sa part coloniale et de s'affranchir de toute discipline, de plus, il pourra réaliser certaines économies qui lui permettront d'agrandir son fond d'exploitation, soit en sollicitant de nouvelles concessions, soit en achetant les terrains voisins.

Quelles garanties pourraient offrir des colons pris dans la classe nécessiteuse ? Aucunes... Rien ne les astreindrait à telle ou telle opération plutôt qu'à telle ou telle autre, les avances faites le seraient comme en 1848, en pure perte !

Il est bon de chercher à occuper la surabondance des bras, qui existe dans nos villes, mais il faut en toutes choses, et avant toutes choses, examiner quelles sont les conditions les plus propres à remplir le but qu'on se propose d'atteindre.

Les hommes des villes, livrés à eux-mêmes, sont incapables de tous travaux agricoles.

Alors, si nous voulons venir en aide aux malheureux, adjoignons-les aux colons militaires, comme aides ou journaliers, leur position sera assurée, tout autant qu'il leur plaira de rester ponctuels, exacts à remplir les obligations qui leur seront imposées et qu'ils auront volontairement contractées.

Toute discussion sur l'inopportunité de la colonie militaire, devient donc sans effet, puisque vous devez être convaincus qu'il n'est pas d'autres moyens d'arriver à un bon résultat, que toutes les autres combinaisons renferment en elles le germe de leur destruction, c'est-à-dire l'instabilité, le manque de confiance, l'inaptitude et l'ignorance, et je pourrais dire plus encore, souvent la paresse.

Il est bon de dire aussi que, dans un moment donné, les différents colons militaires pourraient rendre de très-grands services au pays, en raison de leurs connaissances militaires et de leur habitude de la guerre.

Mais il faut que l'autorité crée des formes positives pour toutes les parties de l'administration, afin d'assurer la sécurité en même temps qu'elles assureront une bonne gestion.

Nous savons tous, du reste, et les différents rapports et décrets que j'ai cités le prouvent, que l'administration se montre toujours protectrice intelligente et éclairée de la fortune générale, qui est la gloire et la prospérité du pays.

Nous savons tous, aussi, que le devoir de la société est de chercher à prévenir la misère, de la secourir, d'offrir du travail à ceux auxquels il est nécessaire pour vivre, que la prompte mise en valeur des terrains incultes de l'Algérie et leur emploi à la culture du coton rendrait d'immenses services, puisque la disette comme matière première de la fabrication ne serait plus à craindre, et, qu'alors il y aurait moins de causes de pauvreté.

Comme on a pu le voir, nous n'avons rien changé quant à la position de l'appelé militaire, qui sera toujours cultivateur, mais cultivateur protégé par l'État, lequel, s'il trouve en lui un élément propre à faire avancer le progrès agricole en Algérie, s'imposera des charges pour le dédommager de ses labeurs et de son abnégation, charges qui ne seront à la vérité que momentanées, qui ne pourront et qui ne devront être considérées que comme un prêt, comme une avance.

Le soldat laboureur ne verra pas sa carrière interrompue par l'impérieuse nécessité de satisfaire au sort qui, jusqu'à présent, l'arrachait à la charrue pour en faire un soldat actif, devant verser son sang pour la défense de son pays. Dans l'espèce, le service rendu comme colon n'est-il pas aussi l'expression bien sentie de l'amour du pays, de sa défense ; n'est-ce pas un mérite de contribuer par ses sueurs à l'indépendance et à la prospérité de la mère-patrie.

Tous les services rendus dans le but d'élever la grandeur du pays sont égaux devant le jugement des hommes, peut-être pourrait-on dire que souvent ceux rendus dans la paix, donnent des résultats qui dépassent de beaucoup ceux rendus pendant la guerre.

L'agriculture, portée au degré d'activité et d'amélioration qu'elle peut avoir chez nous, aurait la plus haute influence sur l'accroissement de la richesse publique, par la plus grande masse de travail qu'elle fournirait, et par la plus grande consommation qui résulterait, et du plus grand nombre de travailleurs et de leur meilleur salaire.

Oui, disons-le, le meilleur moyen de donner la subsistance aux pauvres valides, c'est le travail.

En raison du long séjour que j'ai fait en Afrique, quelqu'un me parlait des vrais cultivateurs comme colons. Je fus obligé de faire cette réponse : Que, pour la plupart, étrangers à la connaissance de l'histoire et des conditions spéciales de l'agriculture du pays, qu'ils voyaient pour la première fois, ces cultivateurs commettaient, dans les premières années de leur séjour, des fautes qui, si elles n'entraînaient leur perte, les réduisaient à la position la plus précaire , qu'il fallait que les colons soient dirigés ; plus encore, forcés dans l'accomplissement de leurs travaux ; que c'était le seul moyen d'empêcher la démoralisation résultant des insuccès, et qu'en raison de cela les hommes appelés à la direction devaient être des hommes de mérite, imbus de l'importance de la mission à eux confiée.

Nous allons maintenant, tant sur la culture que sur le coton lui-même, donner quelques renseignements qui pourront au besoin servir à prouver la possibilité de sa naturalisation en Afrique.

Le coton est la matière filamenteuse que l'on extrait du fruit de différentes espèces de végétaux du genre *Gossypium*, cotonnier de la famille des Malvacées.

Le mot coton est dérivé du substantif arabe *kotu* ou *kotum*.

La taille des cotonniers varie de 50 centimètres à 5 et 6 mètres.

La diversité des espèces de cotonniers est grande, aussi pour cette raison nous ne parlerons que des espèces les mieux connues :

1° Le cotonnier herbacé, ou de Malte *Gossypium herbaceum*, plante annuelle, s'élevant à la hauteur de 50 centimètres à 1 mètre 50, suivant que le sol où elle croît est plus ou moins fertile ;

2° Le cotonnier arborescent, *Gossypium arborescens*, qui dure plusieurs années, et qui atteint la hauteur de 5 et 6 mètres ;

3° Le cotonnier velu, *Gossypium hirsutum*, plante annuelle ou bisanuelle, et que l'on dit être d'origine américaine ;

4° Le cotonnier sauvage, nommé aussi coton religieux ou à trois pointes, *Gossypium religiosum*, petit arbuste originaire de l'Inde et de Surinam, qui donne un coton fort estimé ;

5° Le coton à feuilles de vignes, *Gossypium vitifolium*, espèce originaire de l'Inde, qui atteint en hauteur 3 et 4 mètres.

Les planteurs divisent les cotonniers comme suit :

> Cotonniers herbacés.
> — arbustes.
> — arbres.

Les cotons herbacés qui sont annuels sont ceux que l'on cultive de préférence, en raison de leur variété.

Dans le commerce, on partage les cotons de la manière suivante : coton longue-soie, courte-soie, et en les désignant ensuite sous le nom de leur pays de provenance.

L'utilité du coton est trop incontestable pour que nous rappelions ici le rôle qu'il joue dans l'économie.

Mais il est une chose qu'il importe de dire, et que peu de personnes savent, c'est que le coton est la substance textile qui demande le moins de préparations pour être convertie en tissus, aussi en raison de cette facilité de manipulation et de fabrication le coton est-il le roi de toutes les substances textiles ; celle qui est la plus prisée ; celle qui offre le plus d'avantages, comme utilité, économie et généralité d'emploi.

Nous n'entrerons pas dans les considérations hygiéniques que pourrait nous susciter l'emploi du coton comme vêtement.

Hérodote nous dit que les anciens portaient des vêtements de coton ; Pline dit aussi que les prêtres égyptiens se vêtissaient d'étoffes de coton.

Les Babyloniens et les Athéniens portaient des tuniques de coton.

Les Brésiliens, les Mexicains et les Péruviens, cultivaient le coton pour le manufacturer, bien longtemps avant la découverte du Nouveau-Monde,

Malgré son antiquité, ce n'est qu'en 1790, que les États du Sud en Amérique, ont commencé à cultiver le coton : nous savons quelles proportions à prises cette culture, et quelles en ont été les conséquences relativement à l'industrie.

Les influences locales, concurremment avec la chaleur nécessaire à cette plante, agissent puissamment sur le développement de certaines qualités utiles au coton.

Une espèce de coton qui conviendrait parfaitement au littoral de l'Algérie, est celle désignée sous le nom de coton des îles Maritimes, et que l'on appelle dans le commerce coton longue-soie.

Cette espèce est favorisée par le voisinage de la mer, elle se plaît dans une atmosphère imprégnée de vapeurs salines, et la preuve, c'est que ce coton dégénère étant éloigné de la mer.

Le coton courte-soie ne convient, lui, qu'aux terres intérieures.

L'empereur Napoléon Ier fit faire des essais à diverses époques et en dernier lieu en 1807, dans le Midi de la France ; il fut avéré que cette culture pouvait réussir.

Puisque toutes les expériences démontrent que la réussite est possible, portons-nous vers notre colonie d'Afrique, dont le climat est tout-à-fait dans les conditions voulues pour assurer le succès de la culture cotonnière.

Le peu de coton produit jusqu'à ce jour par l'Algérie est plus estimé que celui de la Louisiane.

Il faut au cotonnier un sol soigneusement ameubli, plutôt sec qu'humide ; draîner le champ si l'humidité est trop considérable.

On laboure le champ à la charrue aussi profondément que possible ; cette culture n'exige pas beaucoup d'engrais, cependant il faut fumer les terres maigres ; dans les terres grasses, le coton pousse en bois et donne peu de fleurs, par conséquent peu de coton.

L'exubérance de végétation abaisse donc la qualité du coton en surchargeant la plante d'un excès de bois. Ce fâcheux effet que produira un fumier trop abondant, vous avez également à le redouter d'une simple opération de terrage, lorsque vous apportez une terre trop riche. Il faut donc régler prudemment la fumure, de manière à ne développer que la végétation convenable, pour obtenir un bon résultat.

A la Louisiane, où l'on cultive des variétés annuelles plusieurs fois de suite sur le même terrain, on arrache après la récolte, c'est-à-dire en automne, tous les pieds que l'on brûle ensuite sur place : ordinairement cet amendement est suffisant pour ces terres fertiles.

Les cendres des végétaux peuvent être considérées dans ce cas comme un engrais, puisqu'il est vrai qu'elles renferment une grande quantité d'acide phosphorique, et qu'il est constant que la nature végétale toute entière est pénétrée d'acide phosphorique. Le coton jouit de l'avantage de retirer aussi la plus grande partie de son azote de l'air.

A Naples, en Sicile, ainsi que dans l'Archipel, le coton est cultivé alternativement avec le blé.

L'époque de l'ensemencement des plants de coton dépend, cela est de toute raison, du climat.

Pour obtenir de bons résultats, il faut régler la culture du coton de façon que les semis aient lieu en temps humide, que la maturité arrive dans un temps chaud, afin de pouvoir récolter le coton sec et propre.

Dans nos pays, c'est-à-dire en France, il est bon de semer en avril, après les premières gelées, mais en Afrique l'on pourrait avancer les semis.

Les graines conservent toujours à la surface un duvet qui les fait adhérer entre elles. On les mouille, puis on les frotte ensuite ensemble, après toutefois les avoir mêlées de cendres ou de terre sablonneuse, qui les détachent et les rendent par ce fait plus coulantes et d'une divison ou répartition plus facile, lors du semis.

On sème les graines de coton dans de petites fosses comme celles que l'on prépare dans nos pays pour les haricots, ou bien encore au revers de la bande qui résulte du trait de la charrue, par groupes de 4 à 5 graines à la fois, espacées les unes des autres de 50 centimètres, et enfouies de 2 à 3 centimètres seulement.

Le semeur place et couvre à mesure la semence.

Pendant la première végétation du cotonnier, il est nécessaire de sarcler deux ou trois fois ; au deuxième sarclage, il faut éclaircir le plant et ne laisser à chaque place que 2 pieds seulement. Il est bon d'observer que lors de l'arrachement des pieds inutiles, il faut apporter le plus grand soin.

Lorsque des groupes ont manqué totalement, il faut s'abstenir de repiquer, à moins toutefois d'enlever soigneusement en mottes avec une houlette, afin d'assurer la reprise ordinairement difficile, pour ne pas dire impossible ; il vaut mieux alors qu'on ne peut employer ce moyen, ressemer là où le coton a manqué.

Aussitôt le moment de la floraison arrivé, il faut cesser toute espèce de travail dans la plantation.

Le coton lève huit jours après le semis, la floraison a lieu quatre mois après la sortie de terre et la maturité est complète 70 jours après la floraison.

Après la floraison des cotonniers, c'est-à-dire à la fin d'août ou au commencement de septembre, les premières capsules jaunissent, s'entr'ouvrent à leur partie supérieure, le coton sort en partie de son enveloppe. C'est le moment de la récolte.

On choisit un temps sec, et lorsque les capsules sont suffisamment ouvertes, on enlève avec les doigts le coton adhérent aux graines et qui est prêt à s'échapper, en laissant sur la plante, les gousses dont les débris pourraient tacher le coton.

La récolte se fait à plusieurs reprises, selon le degré de maturité des capsules.

On expose ensuite le coton sur des claies à l'air pendant quelques jours afin de le sécher, puis on met en sac, l'on dépose dans un lieu sec, car le coton est très hygrométrique, et s'empare facilement de l'humidité contenue dans l'air.

La première cueillette est toujours la meilleure et la plus estimée.

Nous ne parlerons pas ici du moulinage ou de l'égrenage, cette opération se fait de plusieurs façons, elle consiste à séparer le coton de la semence qui adhère.

Les cotonniers vivaces se taillent tous les ans.

La faculté productive du cotonnier, au bout de quelques années, diminue d'une façon très sensible, il faut alors détruire la plantation et l'établir dans un autre terrain.

Les cotonniers ont pour ennemis : une chenille, *Noctua gossypii*, la mygale aviculaire ou araignée des oiseaux, les kermès, l'apate moine, *apate monachus*.

En terminant, disons donc qu'il y a entre tous les arts une étroite connexion, car, s'il n'y avait pas de cultivateurs pour récolter le coton, que deviendraient les commerçants, les filateurs, les mécaniciens, etc.

Il faut en convenir, chacun, suivant ses forces et ses moyens, apporte sa pierre à la construction de l'édifice social, et l'observateur consciencieux est frappé en reconnaissant une simultanéité dans le progrès de l'art et de l'industrie.

Ce sont deux jumeaux qui n'ont jamais fait un pas l'un sans l'autre, et nous devons avouer qu'il est impossible de dire lequel des deux guide l'autre.

Ne reléguons donc pas ces humbles associés du travail général que l'on nomme cultivateurs au dernier échelon de la hiérarchie sociale ; cherchons au contraire à les élever pour montrer tout le cas que nous faisons de leur mérite, de leur abnégation et de leurs travaux.